Louis Figuier

Les Horloges
Électriques

Les Merveilles de la science

ISBN : 978-1519213112

10   9   8   7   6   5   4   3   2   1

Louis Figuier

Les Horloges
Électriques

Les Merveilles de la science

Table de Matières

Les Horloges Électriques

Nous terminerons la série des applications pratiques de l'électricité, que nous avons voulu examiner dans ce volume, en parlant de l'emploi de l'électricité pour la mesure du temps, et de l'application du même agent aux sonneries pour l'usage des appartements.

C'est un fait malheureusement trop connu, que les horloges, même les mieux construites, ne marchent presque jamais d'accord. La ville de Paris a fait de grands sacrifices pour munir de bonnes horloges concordantes, chaque bureau d'inspecteur de voitures publiques ; mais combien de fois le fait suivant ne vous est-il pas arrivé ! En se promenant sur le boulevard, on voit à l'un de ces prétendus chronomètres, qu'il est midi, par exemple ; on marche ensuite pendant dix minutes, et en passant devant un second bureau pourvu d'une pareille horloge, l'aiguille marque midi moins un quart. Sans doute, il n'y a dans cette marche rétrograde du temps, rien qui soit absolument désagréable, et nous l'acceptons sans déplaisir ; cependant, la conscience secrète que l'on est le jouet d'une illusion, en diminue un peu le charme.

Ces variations trop fréquentes de nos cadrans municipaux, sont loin, d'ailleurs, de constituer une exception parmi les produits si variés de la chronométrie moderne. Depuis longtemps l'on s'efforce inutilement de résoudre le problème de la marche simultanée des horloges, et malgré le nombre infini des moyens qui ont été jusqu'ici mis en œuvre, le succès n'est pas encore venu couronner ces efforts.

N'existe-t-il cependant aucun moyen de faire marcher d'accord deux horloges ? Le raisonnement nous dit qu'il y aurait une manière d'arriver à ce résultat. Si, à l'aiguille qui parcourt le cadran, on attachait, par exemple, une imperceptible petite chaîne, qui pût transmettre le mouvement de cette aiguille à l'aiguille d'un autre cadran, tout pareil au premier, mais ne renfermant ni rouage ni mécanisme, et simplement réduit au cadran proprement dit, il est certain que l'on communiquerait ainsi à l'aiguille de ce second cadran le mouvement du premier, et que les deux horloges marcheraient d'accord. Mais le raisonnement qui précède n'est qu'un jeu de l'esprit. Le poids, la longueur de la chaîne qui relierait les deux cadrans, et surtout sa force d'inertie, apporteraient à la transmission du mouvement des difficultés insurmontables.

Il existe toutefois, un agent admirable, que la nature semble avoir créé tout exprès pour enfanter des merveilles, qui se joue de l'imprévu, qui triomphe de l'impossible, et qui pourrait dire avec autrement de raison que ce courtisan d'un roi absolu : « Si la chose est impossible, elle se fera ; si elle est possible, elle est faite. » Cet agent, c'est l'électricité. Le fluide électrique voyage avec une rapidité qui anéantit le temps ; de plus, il peut produire une action mécanique quand on le met convenablement en jeu. Il réunit donc toutes les conditions qui sont nécessaires pour résoudre la difficulté dont nous parlons, c'est-à-dire pour communiquer le mouvement des aiguilles d'un cadran aux aiguilles d'un second cadran, tout semblable, et produire ainsi la marche simultanée de deux ou de plusieurs horloges.

Essayons maintenant d'expliquer comment on peut faire marcher, à distance, grâce à l'électricité, un ou plusieurs cadrans, au moyen d'une horloge unique.

Toute horloge est munie d'un pendule, ou balancier, destiné à régulariser la détente du ressort moteur, et qui, d'ordinaire, bat la seconde, à chacune de ses oscillations. À chaque extrémité de la course de ce balancier, on peut disposer deux petites lames métalliques que le balancier vienne toucher alternativement, pendant ses deux oscillations périodiques. Or, si à chacune de ces petites lames, est attaché l'un des bouts du fil conducteur d'une pile voltaïque, il est évident que le balancier de l'horloge, formé d'un métal, c'est-à-dire d'une substance conductrice de l'électricité, toutes les fois qu'il viendra se mettre en contact avec l'une des petites lames disposées à l'extrémité de sa course, établira le courant, voltaïque, et l'interrompra ensuite en quittant cette position ; de telle sorte qu'à chacune de ses oscillations, il y aura alternativement établissement et rupture du courant voltaïque.

La figure 1 représente la disposition d'appareil qui vient d'être indiquée. L est le balancier de l'horloge-type, G, qui, dans ses deux excursions à droite et à gauche, vient rencontrer les deux petits boutons métalliques M, N, et faire circuler, à chaque contact, l'électricité d'une pile en activité, dans tout le système, au moyen du fil *ff*.

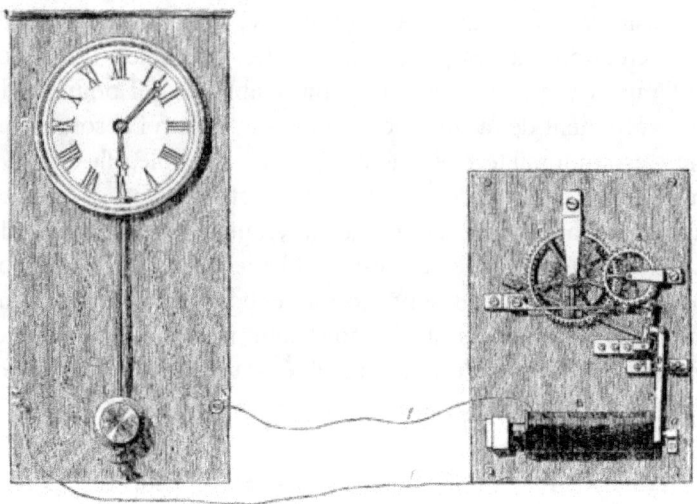

Fig. 1. — Horloge régulatrice et cadran électrique.

Admettons maintenant que ce fil *ff*, partant de l'horloge régulatrice G, vienne aboutir, à travers une distance quelconque, à un électro-aimant B, qui soit en rapport lui-même avec des rouages d'horlogerie destinés à faire marcher les aiguilles des heures et des minutes d'un cadran ; voici ce qui doit nécessairement arriver. Lorsque, par ses oscillations successives, le balancier de l'horloge-type vient établir le passage du courant électrique dans le mécanisme du second cadran, le courant passe dans l'électro-aimant B, et le rend actif ; dès lors, cet électro-aimant B attire son armature P, placée en face de lui. Cette armature, en se déplaçant, pousse le levier coudé lequel fait marcher la roue à rochet A et, par son intermédiaire, la grande roue C, qui est la roue des aiguilles du cadran, et qui fait tourner ces aiguilles sur le cadran, placé de l'autre côté, et par conséquent invisible sur notre dessin. Mais le passage de l'électricité étant ensuite interrompu par le départ du balancier, l'armature P, redevenue inactive, reprend sa place et maintient de nouveau l'immobilité de l'aiguille, jusqu'à ce que la répétition de la même influence électrique provoque un nouveau mouvement de l'aiguille sur le cadran.

Comme ces actions alternatives d'attraction s'exécutent chaque seconde, puisqu'elles dépendent du mouvement du balancier de l'horloge-type qui les provoque à chaque seconde, on voit que le second cadran reproduit et réfléchit, pour ainsi dire, les mouvements de l'aiguille du cadran de l'horloge régulatrice.Ce qui vient d'être dit pour un seul cadran reproduisant les indications d'une horloge-type, est applicable à un nombre quelconque de cadrans, que l'on introduirait dans un même circuit voltaïque, à la seule condition d'augmenter l'intensité du courant électrique. Avec une seule horloge, on peut donc faire marcher un nombre quelconque de cadrans, qui tous fournissent des indications parfaitement conformes entre elles et conformes à celles de l'horloge-type.

Ainsi la mesure du temps par l'électricité, n'est qu'une simple et très-ingénieuse application du principe de la télégraphie électrique. Lorsqu'on fait fonctionner le télégraphe électrique de Morse, c'est la main de l'opérateur qui établit et interrompt le courant électrique, et fait agir, à distance, l'électro-aimant de la station opposée. Quand on veut mesurer le temps par l'électricité, le balancier d'une horloge remplace la main de l'employé dans l'instrument de Morse, et, par ses oscillations successives, établit et interrompt le courant à intervalles égaux, c'est-à-dire à chaque seconde. Cette régularité dans l'action mécanique de l'électro-aimant, ainsi provoquée à distance, permet de télégraphier le temps par le même procédé physique qui sert à télégraphier la pensée.

Au moyen d'une seule horloge, on peut donc indiquer l'heure, la minute, la seconde, en un nombre quelconque de lieux, séparés par des distances aussi considérables qu'on puisse le supposer. Tous ces cadrans reproduisent les indications de l'horloge directrice comme autant de miroirs qui en réfléchiraient l'image. De tels appareils peuvent être installés sur toutes les places d'une ville, dans toutes les salles d'un édifice public, dans toutes les pièces d'une fabrique, à tous les étages et dans toutes les chambres d'une maison ; et partout l'horloge-type, l'horloge unique, transmettra au même instant, l'image exacte de ses propres indications. Dans un observatoire, chaque salle, chaque cabinet pourra être muni d'un de ces cadrans, qui reproduira, de jour comme de nuit, l'heure, la minute, la seconde, donnée par l'horloge régulatrice placée près de la lunette méridienne. Ces appareils battront la seconde aussi régulièrement que la pendule astronomique avec laquelle ils seront en communication par le courant électrique. On éviterait ainsi l'obligation d'avoir plusieurs horloges de grand prix, et la nécessité de régler séparément chaque horloge sur le mouvement des astres.

Quel service immense rendu aux besoins de tous, si, pour une ville, pour des établissements publics, pour des ateliers, pour des chemins de fer, pour les grandes fabriques, dont les divers ateliers sont éloignés les uns des autres, on pouvait répartir l'heure d'une manière parfaitement exacte, au moyen d'un chronomètre unique ! Or, ce grand problème est aujourd'hui résolu ; il ne reste plus qu'à transporter dans la pratique et dans nos usages cette invention admirable. Le jour n'est pas éloigné où à Paris, par exemple, l'horloge de l'Hôtel-de-ville, ou celle du Louvre, répétera cent fois, sur cent cadrans séparés, son heure et sa minute. On fera alors circuler les heures sous le pavé des rues, comme on y fait aujourd'hui circuler l'eau et le gaz. De même que, par des conduits souterrains, aux embranchements innombrables, on distribue maintenant la lumière et l'eau, ces deux besoins, ces deux soutiens de notre existence, ainsi on distribuera le temps, c'est-à-dire la mesure de la vie.

Quel est l'inventeur de l'horloge électrique ?

La mesure du temps par l'électricité était une des applications du principe de la télégraphie électrique qui se présentait le plus naturellement à l'esprit. On ne doit donc pas être surpris que plusieurs physiciens ou artistes de notre temps, se soient occupés simultanément de cette question.

Un titre authentique accorde pourtant la priorité, dans la réalisation pratique de cette idée, à M. Steinheil, de Munich, à qui revient, comme nous l'avons établi dans la notice sur le *Télégraphe électrique*, le mérite d'avoir établi et fait fonctionner la première correspondance connue par un télégraphe électrique. En 1839, le roi de Bavière accorda à M. Steinheil la concession exclusive de la construction d'horloges électriques. C'est donc au physicien de Munich qu'appartient l'honneur de la première exécution pratique de l'*horloge électro-télégraphique*.

Louis Figuier

En 1840, le public scientifique de Londres s'émut des vives discussions qui s'élevèrent entre M. Wheatstone, le célèbre physicien qui a créé et établi en Angleterre la télégraphie électrique, et l'un de ses ouvriers mécaniciens, M. Bain, qui s'était fait connaître par la découverte d'un *télégraphe imprimant*. M. Wheatstone et son ouvrier, M. Bain, se disputaient mutuellement la découverte de l'horloge électrique. M. Bain affirmait, avec la plus vive insistance, avoir imaginé et construit une horloge de ce genre, dès le mois de juin 1840, et accusait le savant de s'être approprié son idée. De son côté, M. Wheatstone repoussait ces imputations avec énergie. Personne n'avait tort dans cette discussion. L'idée d'appliquer l'électro-magnétisme à la mesure du temps était assez naturelle, pour s'être présentée en même temps à l'esprit du maître et à celui de l'ouvrier.

Quoi qu'il en soit, c'est le 26 novembre 1840, que le célèbre physicien lut à la *Société royale de Londres* un mémoire descriptif sur son invention. Le recueil publié par cette Société donnait en ces termes, l'idée de l'appareil de M. Wheatstone :

« Le but de l'appareil qui est l'objet de la communication de M. Wheatstone, est de rendre une seule horloge propre à indiquer exactement en différents lieux, aussi distants l'un de l'autre qu'on le voudra, l'heure donnée par une seule et même horloge. De cette manière, dans de grands établissements, ou dans des administrations très-nombreuses, il suffira d'une bonne horloge pour indiquer l'heure dans toutes les parties de l'édifice où cette indication pourra être nécessaire, avec une exactitude qu'il serait impossible d'obtenir d'horloges distinctes, et avec une dépense beaucoup moins considérable. On pourrait énumérer un grand nombre d'autres circonstances où cette invention réalisera de très-grands avantages.

« Chacun des appareils présentés par M. Wheatstone se compose d'un simple cadran, avec ses aiguilles des heures, des minutes et des secondes, et de l'ensemble de roues par lequel, dans les horloges, l'aiguille des secondes communique le mouvement aux aiguilles des minutes et des heures. Un petit électro-aimant est destiné à rendre libre une roue d'une construction toute spéciale, placée sur l'arbre de l'aiguille à secondes, de telle sorte qu'à chaque fois que le magnétisme temporaire est produit ou détruit, cette roue, et par conséquent l'aiguille des secondes, avance de la soixantième partie d'une révolution entière. Il est évident dès lors que si l'on parvient à établir et à rompre un courant électrique dans des circonstances telles que l'ensemble d'une reprise et d'une cessation dure une seconde, ce qu'il est possible d'obtenir au moyen du régulateur ou horloge parfaite dont on veut multiplier les indications, l'appareil-cadran ci-dessus décrit, quoique dépourvu de toute force régulatrice constante, remplira pleinement, à son tour, l'office de régulateur parfait. »

Suivait l'exposé du moyen mécanique qui avait permis à M. Wheatstone d'obtenir ce résultat.

Le soir même de la lecture du mémoire de M. Wheatstone, une horloge de ce genre fut mise en mouvement dans la salle de la bibliothèque de la *Société royale*, et elle y fonctionna plusieurs jours. Les journaux de Londres, entre autres la *Gazette de littérature*, ayant publié, peu de jours après, l'objet du travail de M. Wheatstone, cette découverte fit grand bruit en Angleterre. Plusieurs horloges électriques furent construites, et bientôt mises en expérience, dans ces réunions si fréquentes où les *gentlemen* de Londres accourent en foule, tenant à honneur d'être instruits les premiers des acquisitions et des découvertes nouvelles qui s'accomplissent dans les sciences et dans les beaux-arts. Cette invention intéressante fut ainsi promptement popularisée en Angleterre ; et bientôt les horloges *électro-télégraphique*s furent adoptées dans un certain nombre d'établissements publics et d'ateliers de l'industrie privée.

Nous décrirons le système mécanique qui permet de distribuer à plusieurs cadrans l'heure donnée par une horloge-régulatrice, en prenant pour exemple la disposition qui a été adoptée par M. Bréguet pour quelques horloges électriques établies par lui dans la ville de Lyon, et qui sont dirigées par une excellente pendule placée à la préfecture. Ces cadrans, distribués dans la ville, sont placés dans des lanternes éclairées au gaz. La figure 2 représente ces cadrans et la lanterne à gaz sur laquelle ils sont appliqués.

Fig. 2. — Horloge électrique sur une lanterne à gaz

Le mécanisme placé à l'intérieur de la lanterne se voit dans la figure 3.

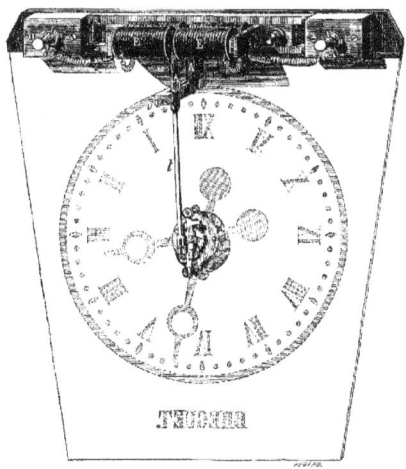

Fig. 3. — Mécanisme des horloges électriques de M. Bréguet.

Le courant envoyé à chaque seconde, par le battement de l'horloge-type, ou *régulateur* placé à la préfecture, passe successivement dans les deux électro-aimants E, E', de telle façon que leurs pôles de noms contraires se trouvent opposés. Entre les deux électro-aimants est placée l'armature d'acier AA, qui est aimantée. L'un de ses pôles, placé entre les deux pôles contraires des électro-aimants E, E', est attiré par l'un et repoussé par l'autre. Sur le second pôle de l'armature, les deux autres pôles des électro-aimants agissent de la même manière. Si le courant circulant dans les bobines, vient à changer de sens, les attractions se changent en répulsions, et inversement les répulsions en attractions ; de telle sorte que l'armature portée par la pièce située près de la circonférence du cadran, bascule et entraîne avec elle la longue tige l terminée par une fourchette. Dans cette fourchette pénètre une goupille portée par la pièce i, mobile autour de sa partie supérieure ; la goupille entraîne dans son mouvement la pièce i et une pièce i' tout à fait symétrique, dont chacune porte, un petit cliquet agissant sur une roue à rocher r, dont l'axe porte l'aiguille des minutes.

Les deux cliquets agissent l'un après l'autre ; mais celui qui n'agit pas amène un arrêt dans l'une des dents de la roue à rochet et l'empêche ainsi d'avancer de plus d'une dent par la secousse de la tige l, qui lui est transmise par le premier cliquet.

Le rochet a soixante dents, de sorte que si le courant est envoyé à chaque minute et chaque fois en sens inverse, l'aiguille des minutes parcourra tout le cadran en une heure. Entre les deux platines c, c est placé un système de trois roues dentées, qui transmet le mouvement à l'aiguille des heures.

M. Bréguet a établi en 1859, dix pendules de ce système, au poste central des télégraphes de Paris, où elles marchent parfaitement.

M, Paul Garnier, horloger de Paris, a construit également un grand nombre d'horloges électriques, mues par une horloge-type.

À l'Exposilion universelle de 1867, on voyait à l'entrée par le pont d'Iéna, un énorme cadran électrique mû par une horloge-type, et qui avait été construit par M. Colin, successeur de Wagner.

Comme exemple assez curieux d'un appareil du même genre, nous citerons les horloges électriques, qui ont été exécutées, il y a déjà plusieurs années, par M. Vérité dans le grand séminaire de Beauvais.

L'horloge du grand séminaire de Beauvais indique les heures et les minutes sur *trente-deux cadrans*, répartis dans les principales salles de ce vaste établissement ; les distances réunies de l'horloge à ces divers cadrans forment une longueur de plusieurs kilomètres. Quatre de ces cadrans sont placés extérieurement, sur les quatre faces du clocher, un autre est également placé dans le fronton de la façade principale, et montre les phases de la lune. Tous les autres cadrans sont intérieurs : celui du cabinet de l'économe fait fonctionner un calendrier perpétuel. L'horloge régulatrice sonne les heures, les quarts et les avant-quarts, sur trois fortes cloches placées dans le clocher. En outre, tous les jours, à cinq heures moins quatre minutes du matin, une sonnerie, imitant une cloche en volée, mise en action par un courant électrique, réveille toute la communauté.

« Indépendamment de ces diverses sonneries extérieures, ajoute M. Vérité, dans la description qu'il nous donne de l'appareil établi chez les séminaristes de Beauvais, il s'en fait entendre trois autres intérieurement : la première sert à réveiller, chez lui, le surveillant, tous les matins, à quatre heures et demie ; la seconde, placée dans la chambre du réglementaire, le prévient, par un coup de timbre, une minute avant chaque avant-quart, afin d'assurer l'exactitude des divers exercices de la communauté ; enfin, la troisième se fait entendre tous les jours au parloir, pour annoncer la fin des récréations. »

Les appareils dont nous venons de donner la description, peuvent être considérés comme appartenant à la première phase, ou à la première période historique de l'horlogerie électrique. Après cette époque, en effet, cette branche intéressante de la physique appliquée a fait un pas considérable, et s'est enrichie d'un perfectionnement réel. C'était déjà un résultat bien extraordinaire que de pouvoir, avec une seule horloge mécanique, distribuer l'heure en divers points. On a voulu aller plus loin encore. La science est étrangement ambitieuse dans sa marche : pour elle, le résultat obtenu n'est jamais le but définitif ; un progrès accompli ne lui sert qu'à préparer la voie à un progrès nouveau ; elle s'avance, sans repos ni trêve, vers des limites qui, une fois atteintes, semblent reculer d'elles-mêmes, en se métamorphosant. On avait commencé par réduire à une seule toutes les horloges mécaniques d'une ville ; ce résultat à peine obtenu, on a voulu supprimer jusqu'à ce dernier instrument lui-même, et sans recourir à aucun des mécanismes habituels, faire marcher les horloges par la seule puissance de l'électricité. On s'est, en effet, avisé de réfléchir que, si l'horloge régulatrice d'une ville venait à se déranger, tous les cadrans, solidaires de cet instrument directeur, s'arrêteraient nécessairement à la fois. D'ailleurs, une horloge mécanique parfaite est encore un instrument d'un grand prix.

Tout bien considéré, il était bon de supprimer l'horloge régulatrice ; on l'a donc supprimée. On a construit une horloge empruntant à l'électricité seule le principe de son action ; puis, ce chronomètre électrique une fois obtenu, on peut s'en servir comme on se servait auparavant de l'horloge-type, pour distribuer l'heure, par des fils voltaïques, à un nombre quelconque de cadrans.

Ainsi, sans autre puissance mécanique, l'électricité peut, à elle seule, indiquer les divisions du temps au même instant et en divers points éloignés. L'honnête corporation des horlogers a marqué d'une pierre noire la néfaste journée qui vit cette découverte éclore !

Comment concevoir, pourtant, qu'au moyen de l'électricité seule, on puisse suppléer à cet ensemble de rouages et de mécanismes compliqués qui composent une horloge ? C'est ce que nous allons expliquer.

Les variations, les défauts des horloges ordinaires, tiennent surtout à deux causes. D'abord, à la variation de la longueur de la tige du balancier, par suite de la dilatation ou de la contraction du métal, dues aux différences de la température extérieure ; en second lieu, à l'impulsion inégale que reçoit le balancier, et qui provient d'un léger dérangement survenu dans le système de rouages servant à lui transmettre, d'une manière toujours égale, l'action de la force motrice, c'est-à-dire du ressort. Il est évident que, si l'on peut supprimer ces rouages, et imprimer au balancier une impulsion toujours uniforme, sans employer aucun mécanisme d'horlogerie, on aura beaucoup simplifié les appareils destinés à la mesure du temps.

Tel est précisément le but de la nouvelle horlogerie électrique. Elle se propose de remplacer par l'électricité, le ressort moteur employé jusqu'ici dans l'horlogerie, d'entretenir constamment et avec régularité, le mouvement du balancier déterminé par une attraction électro-magnétique, et de transmettre ce mouvement aux aiguilles du cadran, d'une manière qui corresponde aux divisions du temps en minutes et secondes.

Comment le balancier serait-il mis en mouvement dans une horloge électrique ? Il est évident que ce ne peut être que par la force électro-magnétique. L'électro-magnétisme pouvant produire un mouvement mécanique, si l'on parvient à placer un électro-aimant de manière à lui faire attirer sans cesse une masse de fer faisant partie d'un balancier, on aura, par cette disposition, le moyen d'entretenir constamment le mouvement de ce balancier. Une horloge ainsi construite n'aura ni ressorts ni rouages ; elle marchera sans qu'il soit jamais nécessaire de la monter ou d'y toucher. Il suffira, pour provoquer continuellement sa marche, d'entretenir la pile voltaïque qui fournit l'électricité à l'électro-aimant, c'est-à-dire de renouveler tous les trois ou quatre mois, l'acide ou le zinc de la pile.

Nous venons de supposer que l'électro-aimant agissait d'une manière directe sur le balancier, pour provoquer son mouvement. Dans l'origine, quelques horloges électriques furent ainsi construites. Telle était, par exemple, celle de M. Bain, l'ouvrier mécanicien dont nous avons rappelé les démêlés avec M. Wheatstone. Mais il est évident qu'une telle disposition était très-vicieuse. La force électro-magnétique varie selon l'intensité de la pile. Or, cette intensité est fort inconstante. Les mouvements du balancier seraient donc très-irréguliers, si l'on faisait agir directement la force électro-magnétique pour entretenir ses mouvements. Il faut, de toute nécessité, pour donner l'impulsion au balancier, avoir recours à un organe intermédiaire, qui, mis en action par l'électro-aimant, vienne lui-même agir régulièrement sur le pendule et entretenir ainsi son mouvement d'une manière toujours uniforme. Un de nos physiciens, M. Liais, proposa, en 1851, le principe qui est employé aujourd'hui pour communiquer au balancier d'une horloge électrique un mouvement uniforme. Il eut recours, pour pousser le balancier, à un ressort se détendant toujours de la même quantité.[1] C'est l'électro-aimant qui tend ce ressort. Ainsi,

---

1 Nous devons noter, cependant, qu'à l'Exposition universelle de Londres en 1851, un constructeur de Londres, M. Sheppard, avait présenté une horloge électrique qui marchait par l'action d'un ressort de ce genre.

l'électricité, ne servant qu'à tendre un ressort, n'est employée que comme un moteur dont les variations d'intensité demeurent sans influence sur la marche de l'appareil. C'est de l'action du ressort que dépend la régularité des mouvements du balancier. Or un effet de ce genre étant constant et toujours uniforme, la régularité des oscillations du pendule est ainsi assurée : le balancier marche sans rouages ni mécanisme d'horlogerie, et l'horloge n'a pas besoin d'être remontée.

L'emploi des ressorts, dans ce cas spécial de l'horlogerie électrique, présente pourtant divers inconvénients, dont le plus sérieux est la variation de volume du métal, par suite des différences de la température extérieure. On a eu plus tard, l'idée de remplacer les ressorts par un petit poids de cuivre, tombant toujours de la même hauteur, et qui imprime, par l'effet de sa chute, l'impulsion au pendule. Comme le poids tombe toujours de la même hauteur, l'impulsion reçue par le balancier est constamment uniforme, et ses oscillations d'une régularité absolue.

Une des merveilles de l'Exposition universelle de 1867, c'était la pendule électrique de Gustave Froment. Cet instrument présente l'application la plus remarquable, par sa simplicité, du principe qui consiste à obtenir l'isochronisme des oscillations d'un pendule par la chute constante d'un poids tombant toujours de la même hauteur.

Pour comprendre le mécanisme de cet instrument, il suffit de se représenter un petit poids de cuivre attaché à l'extrémité d'une mince tige métallique extrêmement flexible, placée horizontalement et pouvant venir se poser sur la partie supérieure du balancier de l'horloge, de manière à lui imprimer une légère impulsion, par l'effet de sa pesanteur. Un contre-poids de fer doux, susceptible d'être relevé en l'air par l'action d'un électro-aimant, peut, en se soulevant ainsi, relever la petite tige, et par conséquent le petit poids fixé à l'extrémité de cette tige. Lorsque, par l'effet de l'une de ses oscillations, le balancier vient se mettre en contact avec le poids de cuivre, le courant électrique, fourni par la pile, s'établit et traverse tout ce système ; le petit électro-aimant placé au-dessous du contre-poids de fer attire ce contre-poids qui représente son armature ; dès lors, le poids est déposé sur le pendule et lui imprime un mouvement d'impulsion ou d'oscillation. Mais le contact métallique étant interrompu, par suite du départ du pendule, l'électricité ne circule plus à l'intérieur de ce système, et l'électro-aimant devient inactif ; le contre-poids ou l'armature de l'électro-aimant reprend donc sa place et ramène le poids à sa hauteur première. La répétition de ces deux mouvements qui dépendent de l'établissement et de la rupture alternative du courant électrique, entretient d'une manière permanente l'état d'oscillation du balancier, et, comme le poids tombe toujours de la même hauteur, les impulsions reçues par le balancier sont toujours égales et ses oscillations isochrones.

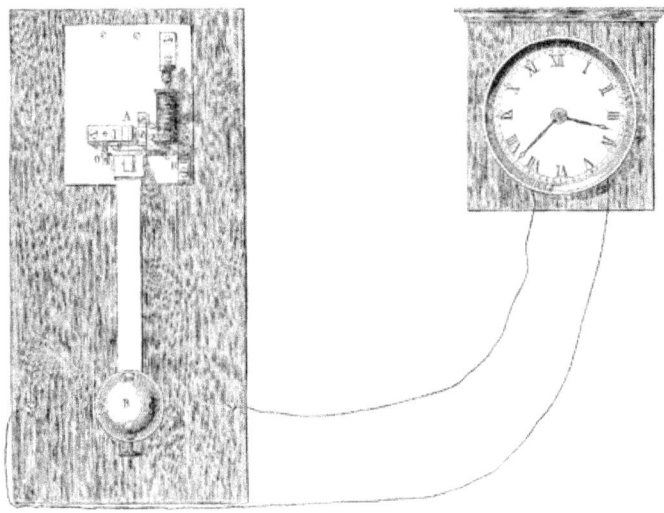

Fig. 4. — Horloge électrique et cadran de G. Froment.

La figure 4 représente le mécanisme de l'horloge électrique de Froment. AB est le balancier de l'horloge, B la lentille qui termine ce balancier, M l'électro-aimant, P le poids qui vient se placer sur le support 0, pour déterminer l'oscillation du balancier ; CE, le ressort, qui, sous l'influence de l'électro-aimant, vient relever le poids P, à chaque seconde de temps.

Il est vraiment merveilleux de voir la petite horloge électrique de Froment, en outre de ses propres indications, faire marcher les trois aiguilles des heures, des minutes et des secondes sur deux autres cadrans, dont l'un est d'une dimension gigantesque (c'est un cadran de clocher de 2 mètres de diamètre). La marche de l'aiguille des secondes sur ces cadrans, est d'une régularité admirable, et cette régularité tient à la manière toute spéciale dont les aiguilles reçoivent l'action motrice de l'électricité. Froment, pour faire marcher l'aiguille, ne se sert point d'un ressort ou d'un poids. C'est l'armature de fer de l'électro-aimant qui, mise en mouvement par l'action électro-magnétique, vient agir sur une petite roue à rochet qui porte les aiguilles.

Après Froment, on peut citer, comme s'étant occupé de très-bonne heure, et avec succès, du genre d'appareils dont nous parlons, M. Vérité, horloger de Beauvais.

M. Vérité a, l'un des premiers, appliqué aux horloges électriques l'idée des poids tombant sur le balancier d'une hauteur constante. Voici, en peu de mots, en quoi consiste le mécanisme de l'instrument construit par l'horloger de Beauvais.

Le poids destiné à imprimer d'une manière continue, l'impulsion au balancier, a reçu la forme d'une petite cloche métallique, suspendue à un long fil d'argent, qui vient tomber, ou plutôt se poser sur le balancier. Quand cette petite cloche exécute ce mouvement, aussitôt le courant électrique s'établit, et un électro-aimant, devenu actif par l'action du courant, abaisse une pièce mobile sur laquelle la cloche était suspendue ; ce qui permet à cette dernière d'imprimer une impulsion au pendule. Le contact ayant cessé par le départ du pendule, le courant électrique ne passe plus ; mais il est rétabli bientôt, lorsque l'autre côté du balancier vient rencontrer une autre cloche métallique disposée symétriquement comme la première, et qui exerce, à son tour, le même effet sur le pendule, par suite du rétablissement du courant voltaïque.

À l'Exposition universelle de 1867, nous avons remarqué des pendules électriques présentées par M. Hipp, savant horloger et constructeur de Berne (Suisse), qui étaient fondées sur des principes analogues à ceux qui viennent d'être exposés.

Sur la liste des artistes habiles qui s'occupent de la construction des instruments délicats, des appareils demi-scientifiques qui nous occupent, vous seriez-vous attendu à trouver le nom du célèbre prestidigitateur, du sorcier dont tout Paris a admiré l'adresse ?

Apprenez pourtant que Robert Houdin — pardon, M. Robert Houdin, — est un mécanicien d'un vrai mérite. Il a construit en 1855, pour M. Detouche, des horloges électriques d'une disposition ingénieuse.

Nous donnerons en deux mots l'idée de ce dernier appareil en disant que M. Houdin consacre l'action motrice de l'électro-aimant à décrocher et à rendre libre un ressort, dont la détente imprime une impulsion au balancier. Faisons remarquer pourtant que ce système présente des inconvénients pour l'horlogerie de précision. Les variations de la température extérieure changent l'élasticité et les dimensions du ressort, et ces deux effets ont nécessairement pour résultat de nuire à la régularité des oscillations du pendule. En outre, les frottements qui résultent du décrochage du ressort, et qui sont variables comme tous les frottements, deviennent une cause d'erreur dans les indications de l'instrument. Le grand mérite, ce qui fait l'immense supériorité des horloges électriques que nous avons décrites plus haut, c'est qu'elles sont tout à fait exemptes de frottement, source principale des erreurs qui affectent les instruments ordinaires d'horlogerie.

Ce qu'il faut remarquer dans les horloges électriques de MM. Detouche et Robert Houdin, c'est la modicité de leur prix. Le modèle d'horloge électrique construit par M. Detouche, ne coûte que 60 francs. Il est vraiment curieux de voir livrer pour un tel prix une horloge qui fonctionne avec une régularité suffisante, qui n'a jamais besoin d'être remontée, et qui peut marcher des années entières, à la seule condition que l'on ajoute, chaque semaine, quelques cristaux de sulfate de cuivre à la pile voltaïque qui la met en action.

Ainsi, là mesure du temps par l'électricité, n'est pas, comme bien des personnes se l'imaginent, une découverte encore dans l'enfance, et qui exigerait de nombreux perfectionnements. Sauf la question pratique de son application sur une échelle considérable, le problème de l'horlogerie électrique est aujourd'hui résolu. La pendule électrique de Gustave Froment, qui se voyait à l'Exposition universelle de 1867, marchait depuis vingt ans, d'une manière non interrompue, transmettant dans ses ateliers l'heure, la seconde, à de nombreux cadrans. Dans une autre horloge, qui marche depuis dix-sept ans, les mouvements électriques ne se sont pas arrêtés un seul jour.

Nous ne croyons donc rien avancer que de très-sérieux et de très-réalisable, en exprimant le vœu que l'on essaye d'établir à Paris, sur une large échelle, la distribution générale du temps par des instruments électriques.

Un fait que l'on ne peut constater, à cette occasion, sans un sentiment de regret, c'est qu'un certain nombre de pays étrangers nous ont déjà précédés dans cette voie. Aux États-Unis, l'horlogerie électrique est réalisée dans une assez grande proportion. Elle fonctionne depuis plusieurs années en Angleterre, non, à la vérité, dans des villes entières, mais dans un certain nombre d'établissements publics et privés. La pendule astronomique de l'Observatoire de Greenwich envoie, par un conducteur électrique, l'heure à l'horloge de Charring-Cross. En outre, l'heure moyenne exacte est signalée, à Londres, par la chute, à midi précis, d'un ballon qui tombe du dôme de l'*Office télégraphique*, et qui s'aperçoit dans un rayon de la ville extrêmement étendu.

Au moyen de la liaison télégraphique qui existe entre l'observatoire de Greenwich, la station centrale au Pont de Londres et la Compagnie du chemin de fer du Sud-Est, des signaux horaires donnant exactement le temps moyen de Greenwich, plusieurs fois par jour, sont transmis aux bureaux de la *Compagnie du télégraphe électrique* qui a son établissement central dans le quartier Lothbury, dans le Strand, et ensuite, à Cambridge, à Deal et à Douvres. La chute des ballons-signaux est déterminée à l'aide d'un fil télégraphique sur la tour du Strand simultanément avec la chute du ballon de Greenwich, à une heure de l'après-midi. Pareils systèmes ont été installés à Liverpool et à Edimbourg.

« Dans cette dernière ville, dit M. Airy, le ballon-signal a été installé sur la haute tour du monument de Nelson, dans le voisinage de l'observatoire ; il est en liaison immédiate avec l'horloge des passages, qui le fait tomber au moment voulu. Depuis trois mois que cet appareil fonctionne, il s'est montré si exact, si grandement utile, que des dispositions sont prises pour installer de semblables ballons à Glascow, à Greenock, à Dundée et autres ports de l'Écosse, La chute de tous ces ballons sera déterminée simultanément par un signal parti de l'observatoire d'Edimbourg.[1] »

1   Du Moncel, *Applications de l'électricité*, t. II, p. 327, in-8°. Paris, 1856.

Louis Figuier

En Allemagne, la ville de Leipzig a vu s'accomplir, en 1850, un commencement d'application de l'horlogerie électrique. Un mécanicien de Leipzig, M. Storer, et un horloger de la même ville, M. Scholle, obtinrent du gouvernement un privilège pour l'application, en Saxe, de ces nouveaux moyens chronométriques. Les rues de la ville ont été partagées en groupes ; chaque groupe est pourvu de son fil conducteur, fixé contre les murs extérieurs et mis complètement à l'abri dans l'intérieur des habitations. Tous ces conducteurs aboutissent à une horloge-type installée à l'hôtel-de-ville. Les conducteurs voltaïques, qui font marcher les aiguilles sur le cadran de chaque maison, s'embranchent et se soudent sur le conducteur principal. D'après le projet présenté par les auteurs de cet essai, les fils d'embranchement devraient coûter à peu près 1 franc le mètre, et être à la charge du propriétaire ou du locataire de la maison. Celui-ci aurait à payer de plus 6 ou 8 francs par année, suivant les dimensions du cadran, mais il n'aurait à supporter aucuns autres frais, et la direction des horloges électriques s'engagerait à lui assurer l'heure et la minute exactes de l'horloge de l'hôtel-de-ville. Une pendule électrique, avec un cadran de 33 centimètres, ne coûte que 60 à 80 francs.

Dans la ville de Gand, en Belgique, l'heure est aujourd'hui indiquée électriquement, sur plus de cent cadrans placés dans les lanternes à gaz. Les aiguilles n'avancent sur les cadrans que toutes les minutes ; mais cette indication atteint bien suffisamment le but que l'on se propose. Ce système a été établi à Gand par un mécanicien de mérite, M. Nolet, de Bruxelles, dont nous avons déjà eu l'occasion de signaler les travaux relatifs au perfectionnement de la *machine électro-magnétique*.

En France, l'horlogerie électrique ne s'est encore répandue que d'une manière fort incomplète. Un horloger de Paris, M. Paul Garnier, a établi, sur la demande de quelques-unes de nos Compagnies de chemins de fer des cadrans électriques qui distribuent l'heure dans l'intérieur des gares. Ce système est adopté en particulier sur les chemins de fer de l'Ouest, du Nord et du Midi. La gare de Lille, sur le chemin de fer du Nord, est pourvue d'un système de vingt cadrans, de toutes dimensions. La ligne de l'Ouest a un système analogue, à chacune de ses stations de Paris à Laval. La gare du chemin de fer de Paris à Lyon est réglée de cette façon, avec les horloges électriques de M. Bréguet, dont nous avons donné plus haut la description et la figure. L'heure est même envoyée à la gare des marchandises, à Bercy, après un parcours de plusieurs kilomètres. Les stations du chemin de fer d'Auteuil, la gare de Bordeaux, sur les chemins du Midi, la maison impériale de Charenton, reçoivent l'heure de cette manière. Dans l'Hôtel du Louvre à Paris et dans le Grand Hôtel, les horloges marchent par l'électricité.

Les différents essais partiels que nous venons de rappeler, montrent la voie qui reste à suivre. Il faudrait appliquer sur une grande échelle, dans l'intérieur de Paris, ce système commun de transmission du temps, dont l'expérience a démontré suffisamment aujourd'hui et la possibilité et les avantages. Installée à l'Hôtel-de-ville, au Louvre ou à l'Observatoire, une horloge régulatrice pourrait distribuer simultanément l'heure et la minute, à des cadrans publics exposés dans les principaux quartiers de la capitale. Bientôt, peut-être, cet admirable système pourrait s'étendre à chaque rue, et même à toutes les maisons et à tous les étages de chaque maison. Des expériences ultérieures détermineraient les conditions les plus convenables à adopter, pour proportionner l'intensité du courant de la pile voltaïque à l'étendue considérable et à la multiplicité des conducteurs métalliques que nécessiterait le développement de ce service. Les piles *de relais*, dont on fait usage dans la télégraphie électrique, serviraient à renforcer, de distance en distance, l'action électro-magnétique sur un groupe de cadrans. Le conducteur principal et ses embranchements secondaires pourraient être enfouis sous le sol, étant revêtus d'un enduit isolant de gutta-percha ou de bitume, comme on l'a fait dans plusieurs pays, pour les fils des télégraphes électriques. Ces *conducteurs du temps* pourraient aussi être suspendus à la voûte des égouts, côte à côte avec les conducteurs de la lumière et de l'eau.

En 1852, une proposition dans ce sens fut adressée, par M. Paul Garnier, au conseil municipal de Paris. Voici le plan que lui soumettait cet honorable horloger pour doter la capitale de l'invention qui nous occupe.

On aurait placé à l'Observatoire, l'horloge-type destinée à faire rayonner les heures dans toutes les directions. Un fil de fer, recouvert de zinc, comme les fils conducteurs de nos télégraphes, partant de l'un des pôles de la pile, se serait rattaché successivement aux divers édifices communaux, pourvus de cadrans, sur lesquels l'heure devait être signalée. Après avoir relié ensemble tous ces cadrans, ce conducteur serait revenu se rattacher à l'autre pôle de la pile, à l'Observatoire.

Quant aux points qui auraient pu être choisis pour y placer les cadrans électriques, M. Garnier proposait de tendre un premier fil de l'Observatoire à l'Hôtel-de-ville, en touchant au Val-de-Grâce, à l'église Saint-Jacques du Haut-Pas, à la mairie du 12e arrondissement, au lycée Louis-le-Grand, à la Sorbonne, à la tour de l'Horloge du Palais-de-justice, pour revenir enfin, par un dernier fil, à l'Observatoire.

Cette proposition fut soumise au conseil municipal, qui la renvoya à l'examen du comité d'architecture. Après examen, le comité d'architecture fut bientôt converti à cette invention admirable. Un mémoire fut rédigé par l'un des membres de ce comité, et adressé au préfet de la Seine. Dans ce rapport, on proposait certaines modifications au projet de M. Garnier.

La modification principale consistait à établir l'horloge-type destinée à servir de point de départ et de centre au nouveau système, sur l'un de nos monuments les plus remarquables, sur la tour Saint-Jacques-la-Boucherie, si bien placée dans le splendide panorama de la capitale.

La tour Saint-Jacques a aujourd'hui 56 mètres de hauteur. Le comité d'architecture proposait d'établir, au sommet et sur les quatre faces de cette tour, quatre cadrans transparents, de 3 à 4 mètres de diamètre, qui, de jour et de nuit, auraient indiqué l'heure aux habitants des quartiers les plus éloignés. Ces cadrans auraient été mus par l'horloge-type, placée elle-même au rez-de-chaussée du monument. C'est de ce point central que seraient partis tous les conducteurs métalliques destinés à faire rayonner l'heure sur les cadrans des horloges placées au front des principaux édifices parisiens.

M. Bréguet, de son côté, proposa un autre projet. Il pouvait arriver, en effet, avec le plan qui vient d'être exposé, que l'heure cessât de parvenir subitement dans toute la ville par la rupture d'un seul fil conducteur. Rien de semblable n'est à craindre dans le système de

M. Bréguet qu'il exposait en ces termes :

« Je divise Paris en douze rayons électriques ; je place dans la mairie de chacun des arrondissements un régulateur-type qui distribue l'heure aux quatre quartiers composant un arrondissement. Réglé chaque semaine, mon régulateur ne me donne qu'un retard de quelques dixièmes de seconde, et, comme le régulateur-type envoie son mouvement électriquement aux pendules de l'arrondissement, j'ai donc l'heure également uniforme dans chacun des quatre quartiers, par suite dans les douze arrondissements ou dans les quarante-huit quartiers de la ville de Paris. Si, ce qui peut arriver, ce qui arrivera, des dérangements se produisent, ils seront facilement et promptement réparés. Il n'y aura jamais qu'un quartier qui pourra manquer, ou encore quelques horloges d'un quartier. »

Tels sont les plans qui furent soumis en 1852 à l'examen du préfet de la Seine. Depuis cette époque, on n'en a plus entendu parler. Il importerait aujourd'hui de reprendre cette question, et de la soumettre à des études sérieuses, en appelant tous les artistes et constructeurs français et étrangers à concourir à sa solution. Cette grande et belle tentative ferait honneur à la France ; elle serait digne de Paris, la capitale du progrès.

La province a donné, sous ce rapport, un excellent exemple à la capitale. Depuis 1856, on a installé, à Marseille, plusieurs horloges électriques. C'est à M. Nolet, qui avait établi à Gand des horloges à l'aide du même système, que la municipalité de Marseille s'est adressée pour ce travail. Les horloges électriques de Marseille sont disposées, comme celles de Gand, dans les lanternes à gaz ; leurs indications apparaissent ainsi à toute heure du jour et de la nuit. Leur établissement a coûté à la ville 22 000 francs, et leur entretien revient à 2 000 francs par an.

Enfin, on a installé à Alger un appareil électrique qui communique le mouvement aux aiguilles d'un cadran placé au sommet de l'*hôtel de la Régence*, et de là à un nombre plus ou moins considérable d'autres cadrans répartis dans la ville.

La principale difficulté qui s'oppose à l'adoption de l'horlogerie électrique, c'est la cherté de l'entretien des appareils, comparée au bon marché relatif des horloges et des pendules ; et voici la raison de la cherté de leur entretien. Tandis que les télégraphes électriques, les sonneries électriques, etc., ne consomment de l'électricité qu'à de rares intervalles, l'horloge électrique donne un signal à chaque demi-minute, et nécessite ainsi une grande dépense d'électricité.

Telle est, du moins, l'objection que la routine ou l'intérêt de l'horlogerie mécanique opposent à l'emploi général de l'électricité comme moyen de mesure de temps. Elle ne nous paraît pas insurmontable.

Nous arrivons à la manière de faire agir les sonnettes des appartements et maisons, au moyen de l'électricité. Cette application de l'électricité, qui a commencé à être en usage en Amérique, est aujourd'hui très-répandue en France et en Angleterre.

Tout le monde connaît les inconvénients des sonnettes domestiques, qui sont mises en jeu par des fils de fer, pourvus, en certains points, de leviers coudés, pour suivre les sinuosités des appartements ou des étages, et qui passent à travers les murs et les planchers. Ces inconvénients sont nombreux. Les fils de fer se rouillent dans les lieux humides, et ils se cassent. S'allongeant l'été, ils se raccourcissent l'hiver, par les variations de température, et se brisent assez fréquemment par cette cause. Ils obligent à percer des trous assez volumineux, et qui sont désagréables à l'œil : les leviers de réflexion sont apparents et d'un effet qui n'est pas non plus agréable. Enfin, on ne peut établir des fils au delà de certaines limites de distance ou de sinuosités dans le parcours.

Les sonnettes électriques sont exemptes de tous ces inconvénients. Il n'est pas besoin de leviers coudés pour faire suivre aux fils toutes les inflexions des bâtiments. Très-minces, ces fils peuvent être facilement dissimulés, et on les recouvre, pour isoler le fluide qui les parcourt, d'une soie qui est de la couleur des pièces à traverser. Enfin, on peut les faire passer d'un étage à l'autre, d'un appartement à l'autre, au moyen d'un trou presque imperceptible. Ajoutons que ces sonnettes fonctionnent à travers toutes les distances, et nous aurons énuméré leurs avantages principaux.

Rien de plus simple que le mécanisme des sonnettes électriques. Dans la notice sur le *Télégraphe électrique*, nous avons parlé de la *sonnerie à trembleur*, ou *trembleur de Neef*. Les sonneries électriques ne sont qu'une application de cet instrument.

Rappelons les dispositions et le jeu de la *sonnerie électrique à tembleur* (*fig.* 5).

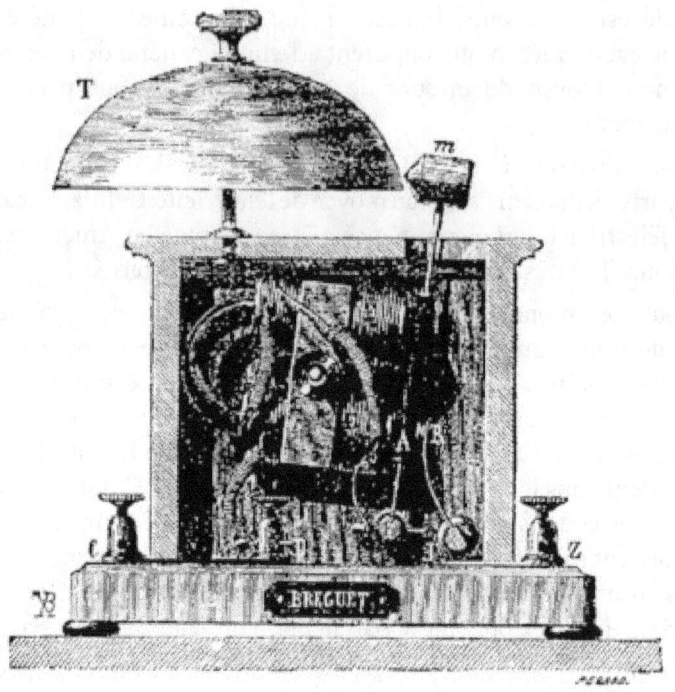

Fig. 5. — Sonnerie à trembleur électrique.

Le marteau *m* vient frapper le timbre T. lorsque le courant électrique, entrant par le bouton C, et suivant la tige CD, vient animer l'électro-aimant en fer à cheval, EE, lequel attire l'armature A, et par conséquent, fait frapper le marteau contre le timbre. Mais quand le marteau a frappé le timbre, le contact R qui permettait la circulation du courant n'existe plus, le courant cesse de se reproduire, et par conséquent, le marteau *m*, n'étant plus attiré par l'électro-aimant, retombe par son poids et vient s'appliquer sur le contact R. Ce contact rétablit aussitôt le passage au courant ; le marteau *m* est de nouveau lancé contre le timbre, et ces attractions répétées produisent le tremblement du levier A*m*, ainsi que les chocs répétés qui en résultent contre le timbre de la sonnerie.

Louis Figuier

L'appareil de tintement employé dans les *sonnettes électriques* d'appartement, n'est autre chose que le *trembleur de Neef*. Il est contenu dans une boîte de bois carrée, qui ne laisse apparaître au dehors que le timbre et le marteau. Deux fils de cuivre partent de chaque extrémité de l'appareil, et aboutissent aux deux pôles d'une pile voltaïque établie dans une autre pièce de l'appartement, dans un vestibule, dans la cave, ou dans la cour.

La pile qui sert à mettre en action les sonneries électriques, est le plus souvent la pile de Marié-Davy, formée de sulfate de plomb et de sel marin, séparés par un vase poreux. La *pile Grenet* à sulfate de mercure est également employée au même usage.

L'électricité ne circule dans les fils qu'au moment où la sonnerie est mise en action. Il résulte de là une excessive économie, l'électricité n'étant dépensée qu'au moment précis et unique où l'appareil doit agir. Aussi les piles, une fois établies, n'ont-elles besoin que d'être examinées de deux mois en deux mois, s'il s'agit d'une pile Marié-Davy, et seulement tous les six mois, s'il s'agit d'une pile Grenet à sulfate de mercure. Les constructeurs qui ont établi les sonneries, entretiennent les piles chez le client, pour un abonnement annuel de vingt-cinq francs, si le nombre des couples de la pile de Marié-Davy ne dépasse pas douze.

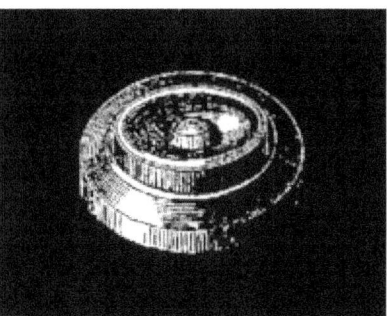

Fig. 6. — Bouton d'appel.

On fait retentir la sonnerie en touchant un *bouton d'appel* (*fig. 6*). Dans l'état ordinaire l'électricité ne circule pas dans les fils ; le *bouton d'appel* a pour résultat d'établir le courant, c'est-à-dire de faire circuler l'électricité dans les deux fils qui se rendent à la pile, au moyen de la disposition suivante.

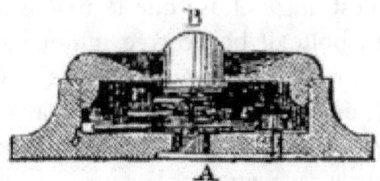

Fig. 7. — Coupe verticale du bouton d'appel.

Les fils sont interrompus à l'intérieur du bouton et leurs extrémités libres sont placées en regard. Si l'on vient à réunir ces deux extrémités par une tige métallique, on complète la communication métallique, et l'on établit ainsi le circuit voltaïque. Quand le bouton d'ivoire B (*fig.* 7) est pressé par le doigt, il déprime le ressort *rr*, qui porte ce bouton B. Ce ressort *rr* vient alors toucher la tige métallique A, qui communique avec le fil conducteur, et le courant électrique circule aussitôt dans tout le système. Dès lors le *trembleur* est mis en action par l'effet de l'électro-aimant. Les fils conducteurs de la pile aboutissent aux vis *a, b*, qui servent en même temps à fixer le ressort *rr* et la tige A.

D'après ce qui vient d'être expliqué, le roulement de la sonnerie dure tant que le doigt reste appliqué sur le bouton, et il s'arrête quand le bouton n'est plus pressé.

Une seule pile suffit pour faire marcher tous les boutons d'appel et toutes les sonneries ; mais il faut que chaque bouton et chaque sonnerie aient leurs deux fils particuliers, composant un courant complet et aboutissant aux deux pôles de la pile. Tous ces fils viennent se réunir en un conducteur commun à chacun des deux pôles de la pile.

On a apporté à ce système de sonneries un perfectionnement remarquable, en imaginant un *tableau indicateur*, qui avertit le domestique du numéro de la chambre ou de l'étage de la maison qui a appelé.

Voici le mécanisme de ces *indicateurs* que représente la figure 8.

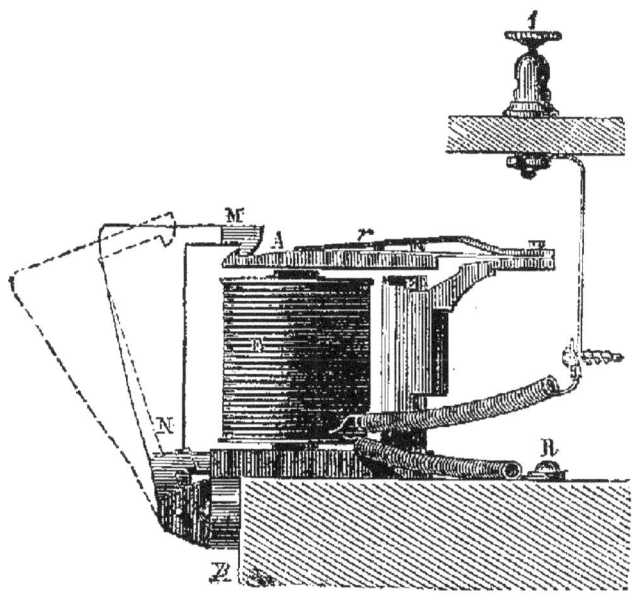

Fig.8. — Mécanisme électro-magnétique du tableau indicateur
d'une sonnerie électrique.

Le fil qui se rend à la pile, traverse l'électro-aimant E, aimante cette bobine et attire l'armature A. Or, dans l'état ordinaire, l'armature A est tenue en prise, quand elle est au repos, par un crochet MN. L'armature ayant été attirée de haut en bas par l'action électro-magnétique, la pièce MN tombe dans la position figurée en pointillé, et par conséquent, sort de la boîte qui la contient, ce qui signale l'appel au dehors.

La figure 9 montre dans son ensemble un *indicateur* à cinq numéros. Dans la position figurée, il annonce que les chambres n° 1, 3 et 4 ont appelé.

Fig. 9. — Tableau indicateur d'une sonnerie électrique.

Pour que l'appareil soit prêt à répéter les mêmes indications, il faut relever à la main la pièce MN, ce que l'on fait en la poussant simplement du doigt.

Pour résumer ce qui précède, nous mettrons sous les yeux du lecteur une figure linéaire (*fig.* 10) qui fera comprendre l'ensemble d'un système complet de sonnettes électriques.

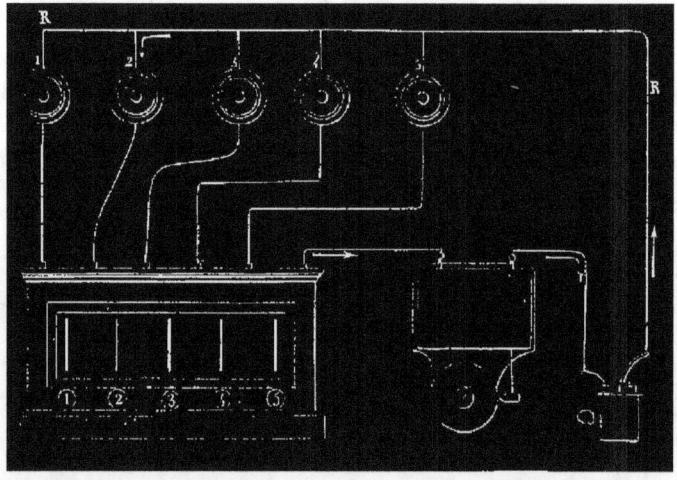

Fig. 10. — Ensemble d'un système de sonnerie électrique.

Supposons que le bouton n° 2 soit poussé, le courant, dont la marche est indiquée par les flèches, part de la pile P, traverse le bouton 2, arrive au n° 2 du *tableau indicateur*, dont il fait tomber la plaque MN (*fig.* 252), fait tinter la sonnerie S, et revient à la pile par le fil R, commun à tous les boutons d'appel et qu'on appelle *fil de retour*.

Les frais d'établissement des sonneries électriques sont, en général, moindres que ceux des sonnettes mécaniques, quand les distances à franchir sont un peu grandes.

Comme un exemple particulier peut seul fixer les idées à cet égard, je dirai que l'établissement d'un réseau de sonnettes électriques dans une maison à trois étages, qu'il est inutile de désigner autrement, a coûté 350 francs. Le nombre des boutons d'appel aux sonneries, est de 16, savoir :

Rez-de-chaussée (salle à manger), 1 sonnette.

1er étage (salon, cabinet de travail et bibliothèque), 4 sonnettes.

2e étage (chambres à coucher), 7 sonnettes.

3e étage, 4 sonnettes.

L'abonnement pour l'entretien de la pile est, comme nous l'avons dit, de 25 francs par an.

Quelques architectes font établir des sonnettes électriques aux portes des maisons donnant sur la rue. C'est là un tort, car ces sonnettes étant perpétuellement en action, peuvent finir par se déranger, et il se produit alors un résultat fâcheux. Si le ressort qui élève le bouton d'appel a perdu de son élasticité, le bouton n'est plus soutenu, et il tombe sur la tige qui met en communication les deux fils de la pile. Dès lors, le courant étant établi, la sonnerie retentit, et elle retentit d'une manière incessante, la communication étant constamment maintenue entre les deux extrémités du fil conducteur.

Dans une maison de Paris à ma connaissance, ce désagréable résultat vint à se produire au milieu de la nuit. Le concierge fut réveillé par un carillon subit, qui tenait au dérangement de la sonnerie de la porte d'entrée. Le carillon ne s'arrêtait pas, et il n'y avait aucun moyen de remédier à cet accident, qui avait son siège à l'intérieur du bouton, cavité inaccessible. Tous les efforts du malheureux concierge restèrent inutiles pour arrêter cette terrible musique, qui ne cessa de résonner pendant la nuit entière à ses oreilles et d'exaspérer son cerveau.

Le lendemain il était fou.

Voilà pourquoi je ne conseille à personne d'établir des sonneries électriques à la porte extérieure de sa maison.

ISBN : 978-1519213112

Louis Figuier

www.ingramcontent.com/pod-product-compliance
Lightning Source LLC
Chambersburg PA
CBHW070750180526
45168CB00004B/1575